국립생물자원관 編

한국 자생생물 소리도감 1

한국의 개구리 소리

저자 소개

한상훈
국립생물자원관 척추동물연구과장
경희대학교 생물학과를 거쳐 일본 북해도대학 대학원에서 박사학위 취득
환경부 생태조사단, 국립공원관리공단 멸종위기종복원센터에서 척추동물자원 조사연구 및 멸종위기 야생동물 복원사업 수행
지은 책으로 〈한국의 포유류(공저)〉, 〈백두고원(공저)〉 등이 있다.

김현태
서산고등학교 생물교사
공주대학교 대학원 석사과정 졸업. 한국 양서파충류학회 이사, 한국양서류보전네트워크 조사위원장. 한국 양서파충류 홈페이지(http://cafe.naver.com/yangpakor.cafe) 운영

국립생물자원관 編 - 한국 자생생물 소리도감 1

한국의 개구리 소리

A Sound Guide to Korean Frogs

발행 : 2010년 12월 1일

집필 : 한상훈 · 김현태

발행인 : 표도연
발행처 : 일공육사
주소 : 서울시 마포구 서교동 395-99 301호(우편번호 121-840)
전화 : 0505-460-1064 / 팩스 : 0303-0460-1064 / E-Mail : pody@dreamwiz.com

 / 정부간행물발간번호 : 11-1480592-000088-01
ISBN : 9788996610038 96490 / 9788996610007 96490(세트)

사진 제공 : 권기윤, 김현, 김현태, 문광연, 신경아, 연숙자, 이상철, 이윤수, 전형배, 최용근, 한상훈, Dr. Irina Maslova

발간사

주말이면 산이나 들로 혹은 아름다운 자연환경을 찾아 발걸음을 옮기는 이들이 많습니다. 예로부터 우리 민족은 피로에 지친 심신을 달래고 마음의 휴식과 정신적인 안정을 얻기 위해 금수강산을 찾았습니다. 물소리, 바람소리, 그리고 새소리가 들리는 푸른 자연 속에서 느끼는 만족감은 무엇과도 바꿀 수 없는 것일 겁니다. 최근에 이런 자연환경을 즐기는 문화생활과 여가활동이 많아지면서 자연의 소리에 귀 기울이는 국민들이 많아졌습니다. 저 곤충 소리의 주인공은 누구일까? 또 저 새소리는 누구를 부르는 것일까? 이런 질문들이 인터넷 검색어에 자주 올라온다고 합니다. 그만큼 이제 사람들이 사람들 이외의 주위에 다른 생명체들에게도 관심과 여유를 가지게 된 것 같습니다. 또 자연의 소리를 듣기 위해서는 우리의 자연환경이 깨끗하고 아름답게 보전되어야 한다는 인식도 널리 퍼졌다고 할 수 있습니다.

국립생물자원관에서는 2008년부터 생물자원 발굴 및 분류 시험연구 사업의 일환으로 한반도 자생생물의 각종 소리를 녹음하고 있습니다. 우리나라에는 귀뚜라미와 여치 같은 작은 풀벌레에서부터 논에서 생활하는 개구리, 산과 들에서 지저귀는 각종 새를 비롯하여 특유의 울음소리를 내는 많은 자생생물들이 있습니다. 생물의 소리는 여러 가지 기능과 의미가 담긴 일종의 통신수단인데, 이를 잘 연구하면 인간생활에 도움이 되는 자원으로도 개발할 수 있습니다. 이미 해외 여러 선진국에서는 생물의 소리를 이용하여 생물다양성 평가와 생태계 모니터링에 활용하고 있으며 또한 해충 방제나 환경변화를 감지하는 수단으로도 이용하고 있습니다. 무엇보다 우리나라에서는 우리 생물이 내는 소리가 무엇인지 알 수 있는 기초 정보가 필요하고 소리자원을 축적하여 체계적으로 관리할 수 있는 소리은행(sound library)의 기능이 필요합니다.

국립생물자원관에서는 한국 자생생물 소리도감 발간사업의 일환으로 한국의 개구리 소리를 발간하게 되었습니다. 개구리 소리 자료는 시간이 지나가면 담아둘 수 없는 소중한 우리의 자원이므로 우리 생물의 소리를 녹음하여 소장하는 것은 매우 의미 있는 일이라고 생각합니다. 이번 도감은 우리나라에 살고 있는 개구리 13종에 대한 소리와 생태자료로 시작하였습니다. 우리 주변에서 흔히 볼 수 있거나 소리를 들을 수 있는 청개구리 뿐 아니라, 환경부 지정 멸종위기 양서류인 맹꽁이 소리도 접할 수 있습니다. 개구리 소리를 들으면서 사진을 볼 수 있어 개구리의 모습과 울음소리를 함께 익힐 수 있는 좋은 자료가 될 수 있으리라 생각합니다. 끝으로 본 도감에 귀중한 개구리의 생태사진을 제공해 주신 여러분들께 깊은 감사를 드립니다.

2010년 12월

국립생물자원관장 김 종 천

머리말

개골, 개골 개구리 소리를 모르는 국민은 아마도 없으리라 생각한다. 배고플 때 밥 먹여준 사람의 은혜에 목숨으로 보은한 두꺼비 이야기 또한 우리들에게는 너무나 유명한 옛날이야기다. 1년 24절기 중 긴 겨울잠에서 깨어난 개구리가 번식을 위해 세상으로 나온다는 '경칩'에서 알 수 있듯이 개구리는 계절의 전령사로 그리고 민속문화 속의 주인공으로 우리 민족에게는 너무나 친숙한 동물이다.

이처럼 우리 주변에 흔했던 개구리가 언제부터인 가 우리 곁에서 사라지고 있다. 인구가 늘어나고, 경제적 생활이 윤택해지면서 도시화로 인한 대규모 주택 개발과 도로 건설, 농경지와 수로 및 하천 정비 등으로 개구리들의 삶터가 훼손되어 도시주변에서는 이젠 개구리를 보기가 쉽지 않다.

개구리는 매년 동면에서 깨어나자마자 자신이 태어난 생명의 습지로 암수가 모여 다음 세대를 만드는 번식을 시작한다. 개구리의 다양한 종마다 번식을 위한 시기와 장소도 종 고유의 번식을 위한 생리 생태적 특성에 따라 달리하지만, 무엇보다 다른 종과의 교배를 방지하기 위하여 종 고유의 소리를 발달시켜 왔다. 수컷이 먼저 번식장소에 도착하여 세력권을 만들고 알을 낳기 위해 찾아오는 암컷을 차지하기 위해 목청껏 소리 내어 운다. 자그마한 체구이지만 한 마리 두 마리 모여들어 큰 소리로 우는 청개구리 무리는 긴긴 밤의 합창단과 같다.

우리 주변에는 다양한 개구리들이 생활하고 있다. 청개구리, 금개구리, 맹꽁이, 두꺼비, 옴개구리, 산개구리 등 우리 인간이 이 땅에 살기 이전부터 개구리들은 생존하여 왔다. 그러나 불과 십수 년 사이에 주변의 흔한 개구리들이 우리 곁에서 하나 둘씩 자취를 감추고, 한 시간 가량 차를 타고 도시를 탈출해야 개구리 소리를 들을 수 있고 개구리와 만날 수 있다.

이 책은 우리 곁의 생명 이웃인 개구리를 포함한 양서류의 흥미진진한 생태와 개구리 소리를 국민들에게 널리 알리기 위해 여러 전문가들의 도움을 받아 만들었다. 특히 최근의 기상이변과 온난화의 영향으로 척추동물 가운데 가장 심각한 멸종위기에 직면하고 있는 개구리들의 생생한 모습을 관찰하여 그들의 삶을 이해하고 보호하며 함께 살아가기 위한 양서류 생태 입문 도서로서 조금이나마 도움이 되었으면 하는 기대감을 가지고 있다.

본 소리도감 연구 보고서를 낸 후 이를 본 여러 관계기관과 시민단체들이 본 도감의 구입 요청이 계속되었다. 그래서 보다 많은 국민들에게 우리나라 양서류의 종과 생태 그리고 개구리 소리를 알리기 위해 북한지역 특산 양서류의 생태사진과 개구리 소리 파일을 추가하여 본 도감을 발행하기로 결정하였다. 이 자리를 빌어 귀중한 북한지역의 양서류 생태사진을 보내 준 러시아 극동과학아카데미 해양연구소의 Irina Maslova 박사에게 감사드리며, 끝으로 본 책자의 디자인부터 편집과 발간에 주말도 쉬지 않고 열심히 노력해준 일공육사의 표도연 대표 및 직원들에게도 깊은 감사의 말씀을 드린다.

저자 대표 한상훈

일러두기

1. 분류체계 및 학명, 영명은 미국 국립자연사박물관의 세계 양서류 종 온라인 문헌 자료(Amphibian Species of the World 5.4, an Online Reference / http://research.amnh.org/vz/herpetology/amphibia/index.php) 에 따라 정렬하였다.
2. 형태는 야외에서 종을 식별하는 가장 기본적인 정보를 기재하였다.
3. 생태는 울음소리가 중요한 수단으로 사용되는 번식 생태를 중심으로 기술하였고, 우리나라의 일반적인 산란 및 서식장소를 설명하였다.
4. 분포는 종의 국내와 국외 분포를 모두 기술하였다.
5. 울음소리는 해당 종의 소리 특성이 잘 표현되도록 작성하였다.
6. 녹음된 소리는 소노그래프 형태로 나타내었고, CD에는 13종의 소리가 수록되어 있다.

차례

한국의 개구리 소개

1. 양서류(AMPHIBIANS)란 어떤 동물?
2. 우리나라 양서류 종 목록
3. 개구리의 산란 장소
4. 형태

1. 양서류(AMPHIBIANS)란 어떤 동물?

두꺼비, 개구리, 도롱뇽 등은 물속에 알을 낳고, 유생시기를 거쳐 성장하면서 몸의 변화(변태)과정을 거쳐 육상으로 진출하여 생활하거나, 일생을 물속에서 생활하는 척추동물로, 이와 같이 수계와 육상 환경 양쪽에서 생활하는 동물이라 하여 양서류라고 부릅니다.

양서류는 약 3억 5천만 년 전인 고생대 말기에 가슴과 배지느러미가 발달하고 폐로 호흡하는 능력을 지닌 어류의 무리로부터 서서히 진화하여 최초로 육상 생활에 적응한 척추동물로 알려져 있습니다. 양서류는 이후 파충류와 포유류로 분화하여, 육상 척추동물의 선조라고도 일컬어지고 있습니다. 양서류는 몸의 외부 형태만 변화하는 것이 아니라 몸의 내부 구조도 변화하여 육상생활에 적응한 동물입니다. 즉, 물속에서는 아가미 호흡을 하지만, 물 밖에서는 폐 호흡을 하고, 물속에서는 식물질이나 동물질 먹이를 핥아 흡입하듯이 먹던 입이 육상에서는 곤충이나 지렁이와 같은 절지동물을 재빠르게 잡아먹기 위한 형태로 변화합니다.

양서류는 변온동물입니다. 따라서 외부 기온에 크게 영향을 받습니다. 사계절이 뚜렷한 우리나라와 같은 환경에서는 외부 기온이 영하로 떨어지는 겨울에는 활동을 정지한 뒤 겨울잠(동면)을 자고, 이른 봄에 깨어나 가을까지 활동합니다. 두꺼비와 같이 이른 봄의 번식 시기를 끝내면 2~3개월간 다시 잠(춘면)에 빠져들거나, 건조하고 더운 계절인 여름에 잠(하면)을 자는 종류도 있습니다.

양서류는 일반적으로 시력이 좋은 것으로 알려져 있으나, 움직이는 사물에 대해서만 민감하고, 세세한 형태를 구별하는 능력은 매우 낮습니다. 특히 황소개구리와 두꺼비는 앞에서 움직이는 작은 물체에 대해서는 무턱대고 달려드는 습성이 있는 것으로 유명합니다. 이에 따라 같은 동족 내에서도 큰 개체가 작은 개체를 잡아먹는 경우가 빈번하게 일어나고 있습니다. 도롱뇽의 경우에는 유생시기에 서로 잡아먹는 일이 있는데 이를 두고 '카인의 후예(동족포식) 현상'이라고 부릅니다.

양서류는 극지방을 제외한 전 세계에 분포하고 있습니다. 사막과 같은 극한 환경에서 적응하여 생활하는 종도 알려져 있습니다. 양서류는 외부 환경변화에 극히 민감한 동물입니다. 특히 최근의 급격한 기상이변과 온난화와 더불어 대규모 개발에 의해 전 세계적으로 척추동물 분류군 내에서 멸종 속도가 가장 빠른 것으로 알려져 있습니다. 그 위에 세균이나 곰팡이 등에 의한 피부 감염으로 죽는 사례가 급격히 증가하여 멸종 속도가 더 빨라지고 있습니다.

양서류는 개구리나 두꺼비처럼 성장하면서 꼬리가 사라지는 무미목(개구리목, ANURA)과 도롱뇽처럼 일생 꼬리를 지니는 유미목(도롱뇽목, CAUDATA), 그리고 발이 없는 무족목(GYMNOPHIONA)으로 구분하고 있습니다. 양서류 종의 체계는 기존 형태 및 생태학적 차이에 근거한 분류체계와 달리 최근 급격히 발달한 분자유전학적 분석 기법에 의한 분자계통학적 연구 결과를 토대로 한 새로운 계통분류체계의 도입에 의해 학술적으로 큰 변화를 겪고 있습니다. 전 세계에는 현재 5,602종의 무미목과 571종의 유미목, 174종의 무족목 등 총 6,347종이 알려져 있으며, 한반도에는 무족목을 제외한 유미목 7종과 무미목 15종 등 총 22종의 양서류가 서식하고 있습니다.

2. 우리나라 양서류 종 목록

양서강 AMPHIBIA Gray, 1825

I. 무미목 ANURA Fischer von Waldheim, 1813 ☞ p.23

I-1. 무당개구리과 Bombinatoridae Gray, 1825

I-1-1. 무당개구리속 *Bombina* Oken, 1816

1) 무당개구리 *Bombina orientalis* (Boulenger, 1890) ☞ p.25

I-2. 두꺼비과 Bufonidae Gray, 1825

I-2-1 두꺼비속 *Bufo* Laurenti, 1768

2) 두꺼비 *Bufo gargarizans* Cantor, 1842 ☞ p.29

3) 물두꺼비 *Bufo stejnegeri* Schmidt, 1931 ☞ p.37

I-2-2. 작은두꺼비속 *Pseudepidalea* Frost, Grant, Faivovich, Bain, Haas, Haddad, de Sá, Channing, Wilkinson, Donnellan, Raxworthy, Campbell, Blotto, Moler, Drewes, Nussbaum, Lynch, Green, and Wheeler, 2006

4) 작은두꺼비 *Pseudepidalea raddei* (Strauch, 1876) (북한 특산) ☞ p.86

I-3. 청개구리과 Hylidae Rafinesque, 1815

I-3-1 청개구리속 *Hyla* Laurenti, 1768

5) 청개구리 *Hyla japonica* Günther, 1859 ☞ p.41

6) 수원청개구리 *Hyla suweonensis* Kuramoto, 1980 ☞ p.46

I-4. 맹꽁이과 Microhylidae Günther, 1858

I-4-1. 맹꽁이속 *Kaloula* Gray, 1831

7) 맹꽁이 *Kaloula borealis* (Barbour, 1908) ☞ p.50

I-5. 산개구리과 Ranidae Rafinesque, 1814

I-5-1. 옴개구리속 *Glandirana* Fei, Ye, and Huang, 1990

8) 옴개구리 *Glandirana emeljanovi* (Nikolskii, 1913) ☞ p.55

I-5-2. 황소개구리속 *Lithobates* Fitzinger, 1843

9) 황소개구리 *Lithobates catesbeianus* (Shaw, 1802) ☞ p.60

I-5-3. 참개구리속 *Pelophylax* Fitzinger, 1843

10) 금개구리 *Pelophylax chosenicus* (Okada, 1931) ☞ p.64

11) 참개구리 *Pelophylax nigromaculatus* (Hallowell, 1861) ☞ p.70

I-5-4. 산개구리속 *Rana* Linnaeus, 1758

12) 아무르산개구리 *Rana amurensis* Boulenger, 1886 (북한 특산) ☞ p.88

13) 한국산개구리 *Rana coreana* Okada, 1928 ☞ p.75

14) 북방산개구리 *Rana dybowskii* Günther, 1876 ☞ p.79

15) 계곡산개구리 *Rana huanrensis* Fei, Ye, and Huang, 1990 ☞ p.83

II. 유미목 CAUDATA Fischer von Waldheim, 1813 ☞ p.91

II-1 도롱뇽과 Hynobiidae Cope, 1859

II-1-1 도롱뇽속 *Hynobius* Tschudi, 1838

16) 도롱뇽 *Hynobius leechii* Boulenger, 1887 ☞ p.93

17) 제주도롱뇽 *Hynobius quelpaertensis* Mori, 1928 (남한 특산) ☞ p.96

18) 고리도롱뇽 *Hynobius yangi* Kim, Min, and Matsui, 2003 (남한 특산) ☞ p.99

II-1-2. 꼬리치레도롱뇽속 *Onychodactylus* Tschudi, 1838

19) 꼬리치레도롱뇽 *Onychodactylus fischeri* (Boulenger, 1886) ☞

3. 개구리의 산란 장소

우리나라에 서식하는 개구리 종들은 반드시 물이 있는 습지에 모여 암수가 짝을 이룬 뒤 산란하는 습성을 가지고 있습니다. 종 고유의 번식생태에 따라 산간 계곡의 계류나 하천 등 흐르는 물에 산란하는 개구리와 저수지, 늪, 논과 같이 물이 고여 있는 장소에 산란하는 개구리가 있습니다. 계곡산개구리, 물두꺼비는 흐르는 물에서 산란하는 대표적인 종이며, 그 외의 개구리 종들은 물이 고여 있는 장소에서 번식합니다. 다음의 사진들은 우리나라 개구리들의 전형적인 산란장소입니다.

산간 계류 - 물두꺼비와 계곡산개구리 산란장소.

1

2

3

4 5
6 7

① 논 주변 물웅덩이 - 북방산개구리, 한국산개구리, 도롱뇽 산란장소
② 저수지 - 두꺼비와 황소개구리, 참개구리, 옴개구리 산란장소
③ 초지대 습지 - 북방산개구리, 맹꽁이 산란 장소
④ 저지대 하천 - 황소개구리, 참개구리 산란장소
⑤ 산림내 물웅덩이 - 무당개구리 , 도롱뇽 산란장소
⑥ 논 - 모심은 이후 청개구리, 수원청개구리의 산란장소로 이용된다
⑦ 계단식 논 - 북방산개구리, 한국산개구리 산란장소

4. 형태

1. 개구리의 형태 설명

1. 개구리 유생(올챙이)의 형태

3. 도롱뇽의 형태

무미목(개구리목)
ANURA Fischer von Waldheim, 1813

올챙이와 개구리, 두꺼비로 잘 알려진 무미목의 양서류는
우리나라 어디에서나 흔히 만날 수 있는 척추동물입니다.
4개의 앞발가락과 5개의 뒷발가락을 지니며,
뒷발가락에는 물갈퀴가 발달해 있습니다.
전 세계에 48과 5,602종이 있으며,
우리나라에는 5과 15종이 서식하고 있습니다.

무미목(개구리목)

올챙이와 개구리, 두꺼비로 잘 알려진 무미목의 양서류는 우리나라 어디에서나 흔히 만날 수 있는 척추동물입니다. 4개의 앞발가락과 5개의 뒷발가락을 지니며, 뒷발가락에는 물갈퀴가 발달해 있습니다. 나무를 잘 올라가는 청개구리는 발가락 끝이 흡반(吸盤) 모양을 이루고 관절이 잘 구부러져 나뭇가지 등을 잘 잡을 수 있습니다. 이른 봄부터 겨울잠에서 깨어나 제일 먼저 하는 일은 산란장소에 모여 번식하는 일입니다. 소리를 내는 것은 기본적으로 수컷만으로, 세력권을 확보하고 방어하거나 암컷을 부르는 목적입니다. 때로는 비가 내릴 듯한 날씨인 저기압이 다가오면 청개구리들은 집단으로 노래를 부르기 시작합니다. 개구리들의 번식행위는 주로 밤에 이루어지며, 서로 다른 종이 시기를 달리하여 같은 장소에서 번식하는 경우도 많습니다.

천적은 뱀이나 조류, 포유류 등으로, 때로는 황소개구리와 같은 대형 개구리가 작은 개구리들을 잡아먹기도 합니다. 올챙이 시기에는 수서곤충이나 어류도 천적이 됩니다. 육상에서는 길게 발달한 뒷다리로 점프하면서 이동하며, 위험을 느끼면 순식간에 물속으로 들어갑니다. 큰 눈을 물 밖에 드러내어 주위를 경계하며, 눈동자는 순막(瞬膜)이라는 엷은 막으로 보호됩니다. 체외수정을 하며, 대개 수컷이 암컷의 등을 앞발로 껴안은 채(포접), 암컷의 배를 자극하여 산란과 동시에 수정합니다. 종에 따라 알의 수나 형태, 산란장소 등에 차이가 있습니다.

전 세계에 48과 5,602종이 있으며, 우리나라에는 5과 15종이 서식하고 있습니다.

무당개구리

Bombina orientalis (Boulenger, 1890)

분류 무당개구리과 무당개구리속

영어명 Oriental Firebelly Toad

크기 40 ~ 50mm

분포 도서지방을 포함한 전국. 국외로는 동아시아 내륙지역

서식환경 평지에서 산지의 저수지, 물웅덩이, 계류, 하천, 강 등 다양한 습지환경

울음소리 번식기간 동안에 '꾸욱 - 꾸욱 - 꾹' 하는 낮은 울음소리를 연속적으로 낸다.

형태 등은 청록색 바탕에 불규칙한 흑색 반점과 크고 작은 돌기가 조밀하게 나 있는 피부를 지니며, 배는 매끄럽고 밝은 적색 바탕에 흑색의 불규칙한 반점이 나 있어 다른 개구리 종과 쉽게 구별된다. 포식동물과 마주치면 방어행동으로 배를 드러내고 누워 죽은 체 하는 습성을 지니고 있다. 포식자는 배의 무늬와 색에 혐오감을 느끼고 호기심을 상실하여 떠나는 경우도 있다. 등의 바탕색은 검은색에서 고동색, 녹색 등 변이가 많다.

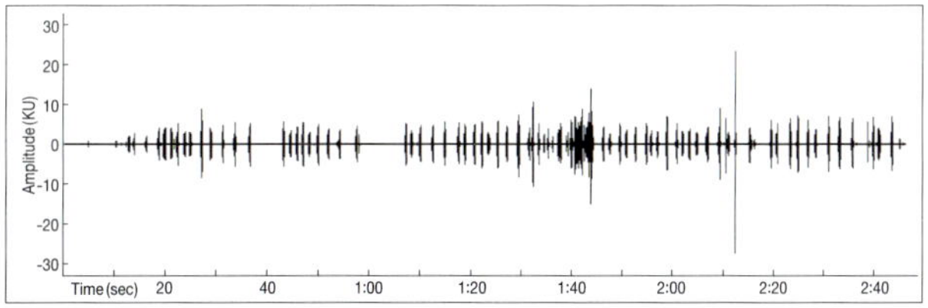

무당개구리의 전형적인 모습.

생태 4월 중순경부터 산간 계곡의 물이 고인 곳이나 산지 농경지, 수로 등 물이 고여 있거나, 물 흐름이 약한 물 바닥에 4 ~ 5개씩 알을 여러 곳에 낳는다. 번식은 4월부터 8월에 걸쳐 이루어지며, 여름철에 임도, 등산로 등에서 비가 온 뒤 고인 물웅덩이에 집단으로 모여 번식하는 경우도 많다.

참고 본 종의 분포 남방한계선은 제주도이며, 최근 국내에서 미국으로 반출되어 애완용으로 이용되고 있다.

무당개구리 암수의 포접 모습(왼쪽 ©김현)과 갈색형 무당개구리 암수 모습(아래).

1 2
3 4

① 무당개구리 유생(올챙이). ⓒ문광연
② 무당개구리의 알. ⓒ문광연
③ 무당개구리 황토색 개체.
④ 무당개구리의 죽은 체하는 행동.

두꺼비

Bufo gargarizans Cantor, 1842

분류 두꺼비과 두꺼비속

영어명 Asian Toad

크기 80 ~ 170mm 이지만, 보통 150mm 이하

분포 전국 (제주도 제외), 국외로는 아시아 전역

서식환경 평야, 산지의 밭, 삼림 등지에서 물체 그늘이나 낙엽 밑에서 생활한다.

두꺼비 성체 전신 모습.

울음소리 '콕—콕—콕', '콕—콕—콕' 하고 조금 높은 소리를 불규칙하게 낸다.

형태 개체에 따라 몸의 색은 다양하고, 등 색은 다갈색, 황토색, 적갈색 등이다. 암컷은 수컷에 비해 몸집이 크고 다리가 가늘고 길다.

생태 번식기간 이외에는 육상생활을 한다. 동면에서 깨어나는 시기인 2월 말에서 3월에 걸쳐 자신이 태어난 장소인 산지 주변의 저수지나 물이 고인 논에 암수가 모여 교미한다. 번식기간은 1 ~ 2주일 정도로 매우 짧다. 암컷은 수컷을 등에 업고 수초나 벼 밑둥에 부착시켜 두 줄씩 염주처럼 긴 실타래 형태의 알주머니를 낳는다. 암컷 한 마리가 낳는 알의 수는 1,500 ~ 8,000개 정도. 올챙이는 알에서 부화한 후 무리를 지어 생활하며 2 ~ 3개월 사이에 변태하여 상륙한다. 교미기에 모이는 암수의 수적 차이는 암컷 1마리에 수컷 10마리의 비율로 암컷을 사이에 두고 수컷간의 경쟁이 치열하다. 따라서 1마리의 암컷에 서 너 마리의 수컷이 엉겨 붙어 있는 광경을 쉽게 볼 수 있다. 교미시기의 수컷은 움직이는 것은 무엇이든지 꼭 끌어안는 습성이 있다. 가슴과 배 부위를 안는 힘이 세기 때문에, 암컷이 죽는 경우도 있다. 교미가 끝나면 논두렁의 흙 속에서 약 2개월 동안 잠을 자는 습성을 지니고 있다. 활동시간대는 주로 야간이지만, 번식시기에는 주간에도 모습을 드러낸다.

참고 1999년 봄, 두꺼비가 황소개구리를 포접하여 죽이는 사례가 언론에 의해 세상에 회자된 적이 있는데, 이는 황소개구리를 암컷으로 잘못 알고 끌어안고, 놓치지 않기 위해 강한 힘으로 며칠씩 껴안고 있는 가운데, 황소개구리의 내부 장기가 압력에 의해 손상을 입고 죽거나, 분비물의 화학적 반응에 의해 죽음을 당한 것이다. 요즈음 마을 도로와 농수로의 포장화로 마을 저수지에서 번식하는 두꺼비들이 차량에 의해 치여 죽는 사례가 급속히 늘고 있다.

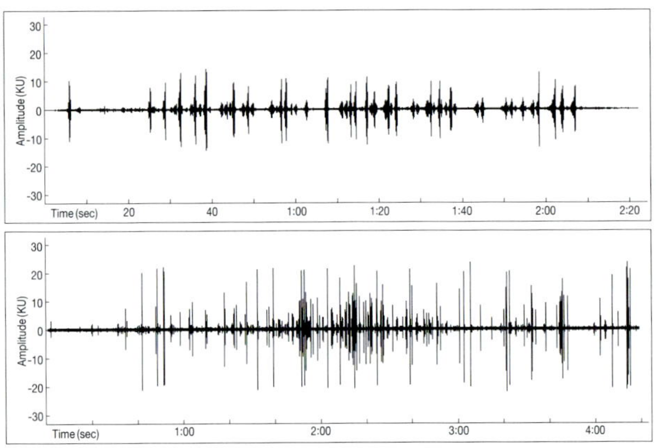

① 두꺼비 번식지 전경. ©신경아
② 두꺼비의 유영 모습. ©권기윤
③ 수컷 여러마리가 암컷을 포접하기 위해 달려든 모습. ©신경아
④ 땅위의 암수 두꺼비의 포접 모습. ©권기윤
⑤ 물속의 암수 두꺼비의 포접 모습.

① 두꺼비의 산란 모습. ⓒ권기윤
② 두꺼비가 물속에 낳은 알.
③ 두꺼비 유생(올챙이)의 무리.
④ 두꺼비의 유생(올챙이). ⓒ권기윤

두꺼비가 천적인 유혈목이와 대치하고 있다.

① 두꺼비의 뒷다리를 물고있는 유혈목이.
② 뒷다리를 물고 있는 유혈목이한테서 탈출하기 위해 버티는 두꺼비.
③ 위험이 닥치면 두꺼비는 몸을 부풀려 경계한다. ©김현
④ 두꺼비가 불빛에 모여든 곤충을 잡아먹기 위해 가로등 아래에서 사냥에 열중하고 있다.

두꺼비 암수 비교

앞발 아랫면
뒷발 윗면
뒷발 아랫면

물두꺼비

Bufo stejnegeri Schmidt, 1931

분류 두꺼비과 두꺼비속

영어명 Stejneger's Toad

크기 50 ~ 70mm

분포 강원 동부 산간지대 ~ 지리산 등 백두대간 산지. 국외로는 중국 동북지역

서식환경 산간 계곡, 강 상류, 고지대 산림

울음소리 '콕—콕—콕—콕', '큐—큐—큐—큐' 등 연속적으로 높은 소리를 낸다.

형태 등에 피부 돌기가 뚜렷하고, 몸의 색상은 암컷이 붉은 색을 띤다. 두꺼비와 외형이 비슷하나 크기가 작고, 고막이 없으며 다리가 가늘고 길며 수중생활에 적응하여 뒷발가락에 물갈퀴가 발달해 있다. 번식시기에 암컷은 붉은 색, 수컷은 흑색을 띄는 경우가 많다.

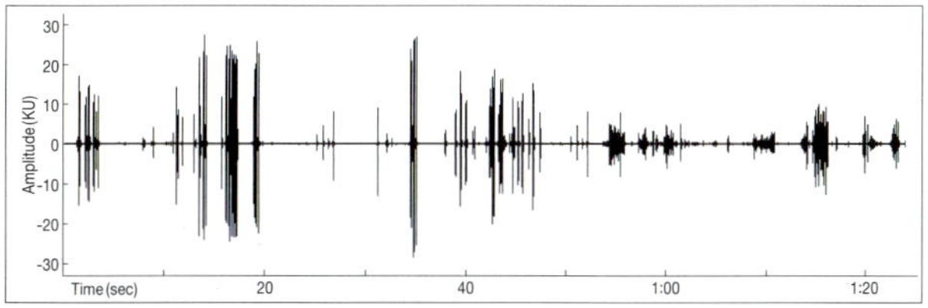

생태 번식장소는 두꺼비와 달리 산지 계류의 흐르는 물속으로, 비교적 물의 흐름이 완만한 장소를 좋아한다. 4 ~ 5월에 걸쳐 염주처럼 생긴 알주머니를 수심 10cm의 얕은 물에서 2m에 이르는 꽤 깊은 물속의 바위나 쓰러져 있는 나뭇가지에 감아 낳는다. 그 이유는 알주머니가 물에 흘러가지 않도록 하기 위해서이다. 두꺼비 알에 비해 물두꺼비 알의 무게는 가볍고, 수도 적지만 크기는 더 크다. 알에서 부화한 어린 올챙이들은 10 ~ 100마리 정도가 모여 지낸다. 입이 크고 몸 아래 부분에 위치하며, 이것으로 바위에 붙어있는 조류(물이끼 등)를 마치 끌로 깎듯이 뜯어먹는다. 올챙이는 점점 자라면서 큰 집단을 만들지 않고, 따로 떨어져 바위에 붙어 있는 경우가 많으며 등산객이 버린 밥알 찌꺼기에 모이기도 한다.

참고 1931년 북한 개성지역에서 발견된 이후 우리나라 특산종으로 알려져 왔으나, 최근 중국 동북지역 일대에서도 서식하고 있는 것이 확인되었다. 수질이 깨끗한 산간계류의 환경에서만 서식하고 있기 때문에 환경지표 생물종으로 알려져 있다.

물두꺼비 성체 모습.

① 물두꺼비 암수가 물속에서 포접하고 있는 모습.
② 물두꺼비의 산란 모습.
③ 물두꺼비의 알 모양.
④ 물두꺼비 유생(올챙이).

① 물두꺼비 갈색형 수컷.
② 물두꺼비 암수 포접 모습.
③ 물두꺼비 어린 개체. ©문광연
④ 물두꺼비 흑색형 수컷.

청개구리

Hyla japonica Günther, 1859

분류 청개구리과 청개구리속

영어명 Tree Frog

크기 20 ~ 45mm, 암컷이 크고 보통 수컷은 40mm 이하

분포 도서지방을 포함한 전국. 국외로는 일본, 중국, 러시아 연해주 등

서식환경 평지에서 낮은 산의 농경지, 하천에서 산지 계곡

울음소리 몸의 크기에 비해 매우 소리가 크다. '쿠에—퀘—퀘—퀘' 또는 '케—케—케' 하고 연속적으로 운다.

형태 일반적으로 등은 녹색 배면은 흰색이나, 환경에 따라 등의 색이 다양하다. 암컷이 수컷보다 체구가 크다. 수컷은 목과 주둥이 사이에 있는 울음주머니 부위의 피부가 늘어져 있고, 흑색 반점무늬가 뚜렷해 암컷과 구별된다.

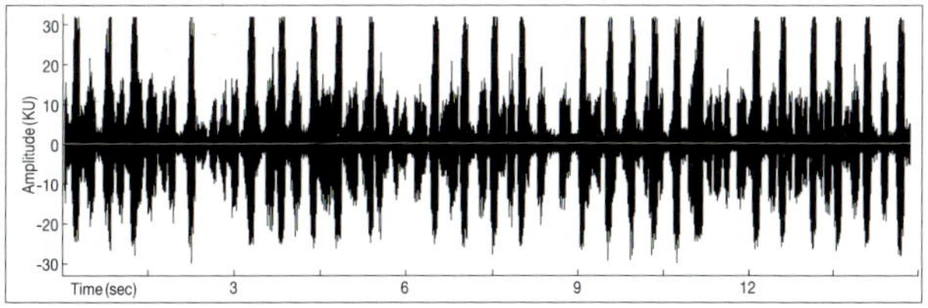

생태 4월부터 논에 모심기를 위해 물을 댄 농경지에 교미를 위해 몰려들기 시작하여, 밤새도록 울음소리를 낸다. 번식기간 이외에도 기압의 변화에 반응하여 저기압 전선이 다가오면 흥분하여 운다. 따라서 청개구리가 매우 큰 소리로 울기 시작하면 비가 올 확률이 높다. 번식은 4월에서 8월 사이에 이루어지지만, 지역에 따라 약간씩 차이가 있다. 번식기 수컷의 앞발가락에 노란 색의 육괴가 나타난다. 논이나 습지 등의 고여 있는 물에 알을 낳는다. 알 덩어리는 작고, 여러 차례에 걸쳐 알을 10여 개씩 작은 덩어리로 수초 등에 부착시켜 산란한다. 알의 수는 250 ~ 800개 정도. 올챙이는 최대 50mm 까지 성장하고, 여름에서 가을에 걸쳐 변태하여 상륙한다.

참고 청개구리는 몸의 분비물에 독성이 있다. 따라서 만지고 난 후 반드시 물에 손을 씻도록 한다. 만약 손을 씻지 않고 청개구리를 만진 손으로 눈을 비빌 경우 실명하는 경우도 발생한다.

청개구리와 수원청개구리 번식지 - 논

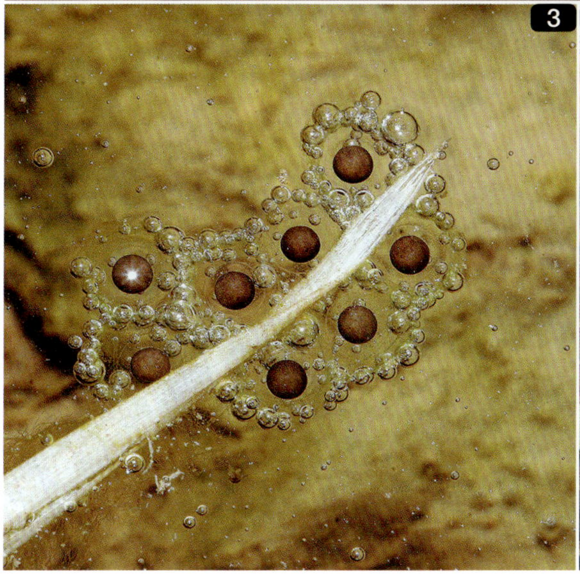

① 물 위에 떠있는 상태로 구애 울음소리를 내고있는 청개구리 수컷.
② 청개구리 암수 포접 모습. ©권기윤
③ 청개구리의 알. ©권기윤
④ 청개구리 산란 모습. ©권기윤

① 청개구리 수컷의 전형적인 모습.
② 청개구리의 몸색 변화(여름에서 가을).
③ 청개구리 몸색 변화(가을형). ©신경아
④ 청개구리 몸색 변화(봄).

울음주머니를 부풀리고 있는 청개구리 수컷.

수원청개구리

Hyla suweonensis Kuramoto, 1980

분류 청개구리과 청개구리속

영어명 Suweon Tree Frog

크기 25 ~ 40mm

분포 한국 중서부 저지대 및 서해안 도서 지역

서식환경 평지에서 낮은 구릉의 물웅덩이, 수로, 농경지 등

울음소리 청개구리와 유사한 소리를 내나, '케액—케액—켁' 하고 금속음이 더 강하다.

형태 청개구리와 매우 유사하여 구별이 어렵다. 다만 번식기에 수컷의 울음주머니의 색이 청개구리보다 노란색을 띤 황록색으로, 네 발이 청개구리에 비해 몸통보다 조금 짧은 것으로 외형적인 구분이 가능하다.

생태 울음소리가 청개구리에 비해 금속음의 소리를 내며 식물의 줄기를 네 발로 잡고 우는 경우가 많다(사진 참조). 일반적인 생태는 청개구리와 같다. 일부 지역에서는 청개구리와 함께 서식하고 있다. 5월부터 7월에 걸쳐 번식하며, 주로 경작 논에서 관찰된다.

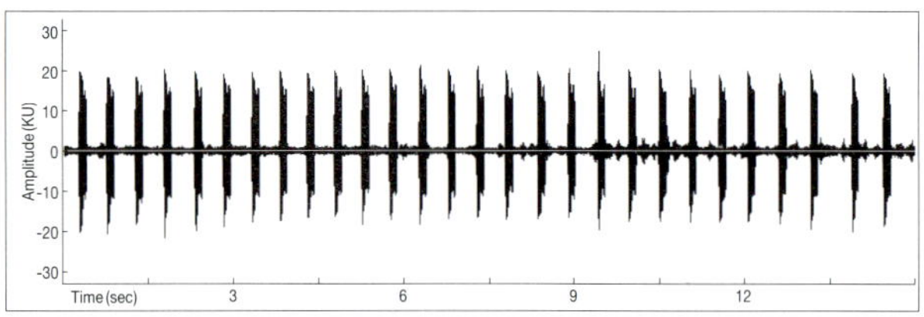

참고 1987년 일본 양서류 연구자가 국내에서 일반 청개구리와 다른 울음소리를 듣고 조사 연구하여 신종으로 발표하였다. 한국 고유종으로 아직 서식지가 밝혀진 곳이 매우 적고, 생태학적 연구도 부족하다. 수원에서 처음 발견되었다고 하여 '수원청개구리'라는 이름이 붙여졌다. 최근 대규모 농지환경변화(택지개발 등)에 의해 대부분의 서식지역에서 급속히 사라지고 있다.

울음주머니를 부풀린 수원청개구리 수컷. ⓒ문광연

① 구애 소리를 내고 있는 수원청개구리 수컷.
② 수원청개구리 수컷.
③ 논 볏줄기를 붙잡고 있는 수원청개구리 수컷.
④ 수원청개구리 암수의 포접 모습.
⑤ 수원청개구리의 알.

수원청개구리 수컷 성체.

맹꽁이

Kaloula borealis (Barbour, 1908)

분류 맹꽁이과 맹꽁이속

영어명 Narrow-mouth Frog

크기 40 ~ 45mm

분포 제주도를 포함한 전국, 국외는 중국 중부 및 동북부 일대

서식환경 평지에서 낮은 산자락, 구릉지대, 하천고수부지, 농경지 등

울음소리 '맹—맹—맹' 하는 소리와 '꽁—꽁—꽁'하는 두 가지 소리가 어울려 '맹—꽁, 맹—꽁' 하고 들린다 하여 '맹꽁이'라는 이름이 붙여졌다.

형태 일반적인 개구리의 형태와 매우 다른 모습을 지닌 개구리로, 몸통이 찐빵처럼 둥글게 부풀어 있고, 머리는 작으며, 네 발은 매우 짧지만 힘이 강하다. 등에는 무질서하게 흑색 반점이 수놓여 있다. 몸의 색과 모양에 의한 암수의 차이가 뚜렷하지 않으나, 번식기에 수컷의 몸 색이 검게 변하는 특징이 있어 번식기에만 외형적으로 암수 구별이 가능하다. 하지만, 다른 개구리와는 달리 번식기간에도 수컷의 앞발가락에 포접을 위한 육괴가 발달하지 않는다.

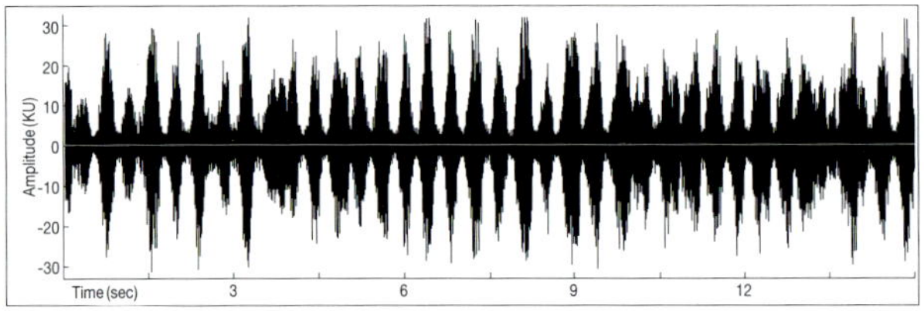

생태 번식 시기는 우기가 시작되는 시기와 관계하여, 제주도 등 남부지방에서는 5월경에 시작하며 중부와 북부지방에서는 7월까지 이어진다. 물이 고인 작은 물웅덩이에 수컷들이 먼저 자리를 잡고 암컷이 오는 것을 기다린다. 일 년의 대부분을 주로 습한 땅 속에서 생활하며, 개미, 흰개미 등을 먹는다.

참고 환경부에서 멸종위기 야생동물로 지정한 이후 국민적 관심이 매우 높아진 대표적 개구리. 전국에서 새로운 서식지가 발견되고 있으나, 특히 도시주변의 대규모 택지개발에 의한 환경변화로 생존에 심각한 영향을 받고 있다. 서울 등 수도권과 청주, 부산 등 개발지역의 맹꽁이 무리를 안전한 대체 서식장소로 집단 이주시키는 등 시민단체에 의한 보호운동이 활발하다.

맹꽁이 수컷.

암컷에게 구애 소리를 내고 있는 맹꽁이 수컷. 몸을 떠는 진동으로 주위 수면에 파장을 만들어 암컷에게 신호를 보낸다. 이 파장을 시각으로 확인이 가능한 놀라운 순간 포착 사진. ⓒ김현

① 맹꽁이 암수 한 쌍이 포접한채 알을 낳고 있다. ©권기윤
② 수면 위에 균질하게 퍼져 있는 맹꽁이 알. ©신경아
③ 갓 알에서 부화한 맹꽁이 유생(올챙이). ©권기윤
④ 부화 후 시간이 경과된 맹꽁이 유생(올챙이).

① 울기 직전 공기를 한껏 들여마셔 몸을 부풀린 맹꽁이 수컷.
② 맹꽁이 수컷(알비노 개체). ©연숙자
③ 흙속으로 몸을 숨긴 맹꽁이. ©권기윤

옴개구리

Glandirana emeljanovi (Nikolskii, 1913)

분류　산개구리과 옴개구리속

영어명　Rough-skinned Frog

크기　몸길이 수컷 30 ~ 47mm, 암컷 45 ~ 60mm. 몸무게 수컷 2 ~ 11g, 암컷 10 ~ 24g.

분포　도서지방을 포함한 전국, 국외로는 중국 동북부

서식환경　평야에서 산지의 계류, 하천 등 물가

울음소리　'꾜옥—꾜옥—꾹', '꾸우우욱, 꾸욱꾸욱' 같은 소리로 연속적으로 운다. 다른 개구리와 달리 다양한 소리를 내는 것으로 알려져 있다.

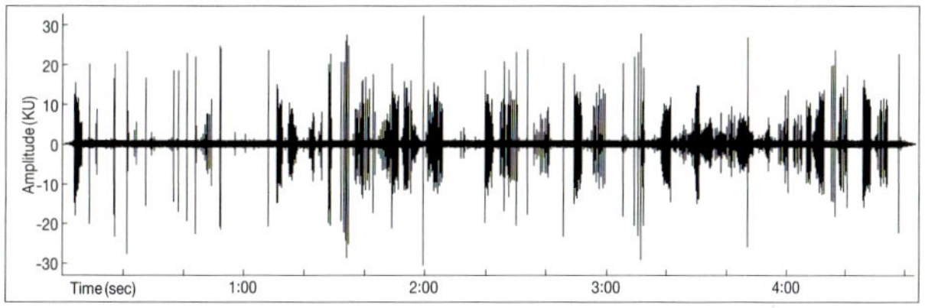

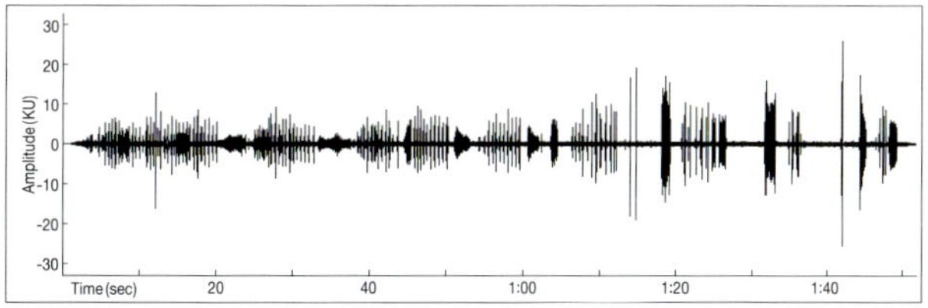

형태 몸 표면 전체에 작은 돌기가 나 있으며, 흑갈색 또는 회갈색 바탕의 몸 색을 지닌다. 개체에 따른 몸의 색의 변화는 다른 개구리에 비해 적다. 수컷은 목 내부에 울음주머니를 지니며, 번식기간에 앞발가락에 회색의 육괴가 발달한다.

생태 번식기간에는 맑은 하천과 저수지 주변에서 서식하고 번식이 끝나면 주변 초지대나 숲에서 생활한다. 4월말부터 8월까지 물 흐름이 거의 없는 계류나 습원 등 물웅덩이에 있는 작은 수초의 줄기나 뿌리에 수 십 개의 알을 덩어리 형태로 서너 차례에 걸쳐 산란한다. 알의 수는 700 ~ 2,600개 정도. 봄에 산란한 알에서 부화한 올챙이는 가을에 개구리로 변태하여 육상생활을 시작하지만, 가을에 알에서 깨어난 올챙이는 다음 해 봄까지 올챙이 상태로 월동하며, 크기는 80mm까지 성장한다.

참고 옴개구리는 독성이 함유된 분비물을 피부에 가지고 있다. 옴개구리를 먹고 중독되어 생명을 잃는 경우도 가끔 발생한다. 최근 분류학적 위치가 재검토되어 속명과 학명이 바뀌었다.

물속 옴개구리 암수의 포접 모습.

옴개구리 수컷.

① 물속 나뭇가지에 부착상태로 발생 진행 중인 옴개구리 알. ⓒ문광연
② 물속 바윗돌에 부착해 낳아둔 옴개구리 알. ⓒ김현
③ 수면위 나뭇가지에 부착한 옴개구리 알.
④ 옴개구리 유생(올챙이).

① 옴개구리 측면 모습
② 야간에 강 가 물속에서 경계하고 있는 옴개구리.
③ 흑생형 옴개구리 성체. ©신경아

황소개구리

Lithobates catesbeianus (Shaw, 1802)

분류 산개구리과 황소개구리속

영어명 Bull Frog

크기 몸길이 111 ~ 183mm, 몸무게 139 ~ 603g

분포 강화도, 거제도, 제주도 등 도서지방을 포함한 전국

원산지 미국 등 미주지역

서식환경 저지대 하천, 호소, 저수지, 강 등 수초가 발달하고 흐름이 완만한 수계

울음소리 수컷이 '우엉, 우엉'하고 마치 소의 울음소리와 같은 매우 큰 소리로 우는 것이 특징이다. 이러한 울음소리에서 황소개구리라고 불린다.

형태 몸은 매우 크며, 물갈퀴가 잘 발달하여 있다. 등은 상어 피부와 같이 거칠거칠하나 눈에 띄는 돌기는 없다. 앞발에 비해 뒷발이 매우 길다.

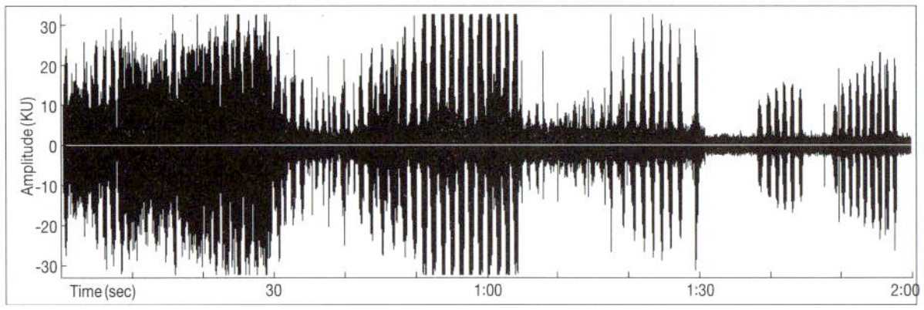

생태 저수지, 호소, 큰 강과 하천의 중·하류지역의 수초가 무성한 물가에서 생활한다. 번식기간은 5월부터 9월 상순으로 비교적 길며, 산란 수는 6,000 ~ 40,000개. 5월에서 6월 초에 산란한 알에서 부화한 올챙이는 9월에서 10월 경 성체로 변태를 마치지만 늦게 산란한 알에서 부화한 올챙이는 겨울을 올챙이 상태로 물속에서 지내고 다음 해 봄에서 초여름에 개구리로 변태한다. 다 자란 황소개구리는 가재, 참게, 개구리, 물고기, 어린 새, 쥐 등 종류를 가리지 않고 무엇이든 잘 먹는다.

참고 1960년대부터 70년대에 걸쳐 식용 목적으로 유입하여 사육한 외래종이다. 장마 등에 의한 외부 탈출과 관리 소홀에 의해 전국의 하천과 수로에 적응하여 토종 생태계를 교란하고 위협하는 생태계 위해외래종으로 사회적 관심을 받고 있다. 최근 속명이 바뀌었다.

갈대줄기 위에 앉아 있는 황소개구리 성체.

① 황소개구리 어린 개체.
② 물웅덩이 가장자리 수초 그늘에 은신하고 있는 황소개구리 성체.
③ 황소개구리의 알.
④ 황소개구리 유생(뒷다리 발생).
⑤ 도로에서 차량에 치여 죽은 황소개구리(로드킬) 개체.
⑥ 겨울잠을 자고 있는 황소개구리.

금개구리

Pelophylax chosenicus (Okada, 1931)

분류	산개구리과 참개구리속
영어명	Seoul Pond Frog
크기	50 ~ 65mm
분포	서해 일부 도서지방을 포함한 전국 서남부내륙 저지대 평야지역
서식환경	평지에서 낮은 구릉의 물웅덩이, 수로, 농경지 등

수면 위에 앉아 있는 금개구리.

울음소리 참개구리와 달리 울음주머니가 발달하지 못해 매우 짧다. '쪽—쪽—', '꾸우우욱' '쪽, 꾸우욱—' 하는 소리를 낸다.

형태 등의 무늬는 참개구리에 비해 밝은 녹색으로 등 중앙에 선이 없고, 등 측면으로 2개의 굵고 뚜렷한 금색의 융기선을 가지고 있다. 개체에 따라 융기선의 굵기에 변이가 있다.

금개구리 암수의 포접.

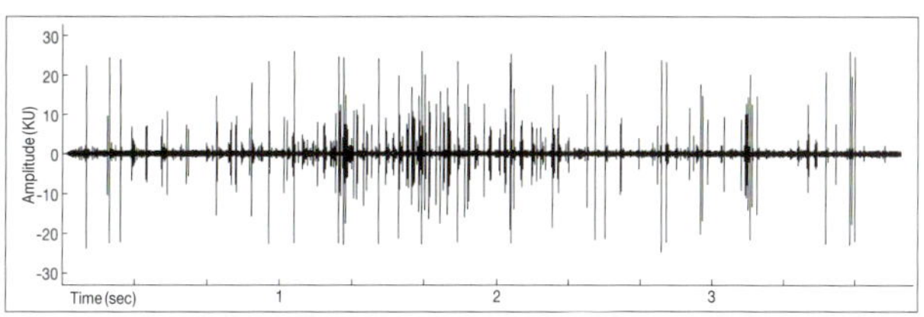

생태 5월 중순에 출현하여 6월 중순에 절정을 이루고 7월 초면 대부분의 지역에서 번식이 끝난다. 저지대 평야의 농경지 주변 물웅덩이와 수로에서만 산란을 하며, 거의 물에서 떠나지 않는 습성을 지니고 있다. 매년 5월 중순경부터 7월 초순에 걸쳐 서남부지역의 저지대 평야의 수로와 물웅덩이에서 금개구리의 울음소리를 들을 수 있다. 금개구리의 생태는 참개구리와 거의 유사하지만, 번식시기, 구애음성 그리고 거의 물에서 떠나지 않는 습성에서 차이가 있다. 금개구리가 살고 있는 지역에서는 참개구리도 함께 살고 있어 두 종은 생태적으로 서로 경쟁적 관계에 있다고 볼 수 있다.

참고 2줄의 측면 융기선만 지니고 있는 금개구리와 2줄의 측면 융기선과 더불어 가운데 중앙선을 갖고 있는 참개구리는 형태적으로 매우 유사하여 일반인들은 두 종의 구별이 쉽지 않지만 등에 난 돌기가 없거나 점 모양이면 금개구리, 길쭉한 돌기가 있으면 참개구리이다. 과거 참개구리의 아종으로 분류되기도 하였으나 현재는 구별하고 있으며, 같은 종으로 보던 중국의 개체들과는 울음소리와 그 밖의 차이로 다른 종으로 구별하고 있다. 우리나라 고유종이다.

금개구리(왼쪽)와 참개구리(오른쪽) 모습. 모습이 유사하나 금개구리는 등 중앙에 선이 없다.

수초 사이로 고개만 내밀고 밖을 살피는 금개구리 수컷.

① 수면에 떠 있는 금개구리 암컷.
② 물속에서의 금개구리 암수 포접 장면.
③ 금개구리 알.
④ 금개구리 유생(올챙이). ⓒ이상철

① 금개구리의 전형적인 모습.
② 몸색 변화 중인 금개구리 성체. ⓒ전형배
③ 금개구리 암컷(가을).

1

2

3

참개구리

Pelophylax nigromaculatus (Hallowell, 1861)

분류 산개구리과 참개구리속

영어명 Black-spotted Pond Frog

크기 50 ~ 95mm

분포 도서지방을 포함한 전국, 국외는 동북아시아 일대

서식환경 평지에서 낮은 산의 물웅덩이, 수로, 하천 등

울음소리 단독 또는 합창으로 '꾸꾸꾸액, 쿠에엑' 하는 소리를 연속적으로 낸다.

형태 우리나라에서 가장 잘 알려져 있는 개구리로, 암수의 몸 색과 모양 차이가 뚜렷하다. 수컷의 등에는 금색 또는 녹색 바탕에 중앙으로 한 줄의 황색이나 녹색의 선이 머리에서 엉덩이까지 나 있다. 이에 비해 암컷은 전체적으로 옅고, 흰 바탕색에 검은 반점이 여기저기 나 있다. 또한 개체에 따라 등에 나있는 2개의 융기선과 1개의 중앙선의 색 변이가 다양하다.

참개구리 수컷.

생태 주로 논과 밭의 습기가 있는 땅 속에서 동면하고, 이듬해 4월부터 깨어나 번식에 들어간다. 5월에 번식의 절정을 이루며, 7월까지 번식하지만, 보통 6월에 끝나는 경우가 대부분이다. 번식기간이 길기 때문에 암컷을 둘러싸고 수컷 사이에 경쟁하는 광경이 자주 목격된다. 또한 쌍을 이룬 암수는 다른 수컷 개체로부터 멀리 떨어져 이동한 후, 산란행위에 들어간다. 산란은 주로 저수지나 논에 얇고 직경이 넓은 접착성이 없는 알 덩어리를 낳는다. 알의 수는 2,000 ~ 3,000개 정도. 알은 1주일이 지나면 부화한다. 올챙이는 최대 70mm 정도로 성장하고, 7 ~ 9월에 걸쳐 변태하여 상륙한다.

참고 2줄의 측면 융기선만 지니고, 가운데 중앙선을 갖지 않는 금개구리와 형태적으로 매우 유사하여 일반인들은 두 종의 구별이 쉽지 않지만 등에 난 돌기가 참개구리는 길쭉하다. 최근 계통분류학적 연구에 의해 속명이 바뀌었다.

참개구리 수컷(왼쪽)과 참개구리 암컷(오른쪽)의 모습.

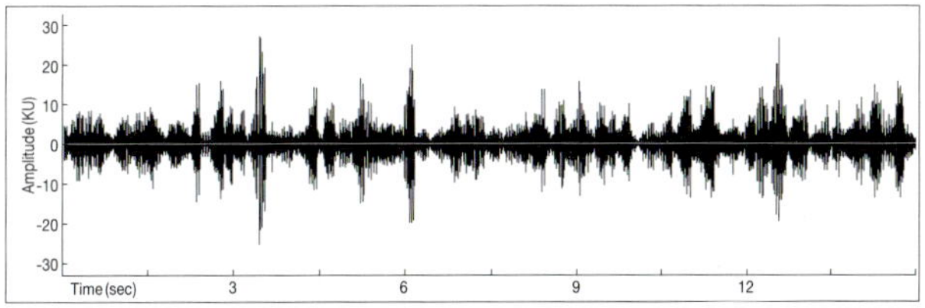

참개구리 수컷의 울음주머니. ©김현

① 참개구리 수컷 흑갈색형.
② 참개구리 갈색형 성체.
③ 참개구리 어린 개체 - 성체와 똑 같다.
④ 참개구리 암컷의 유영 모습.

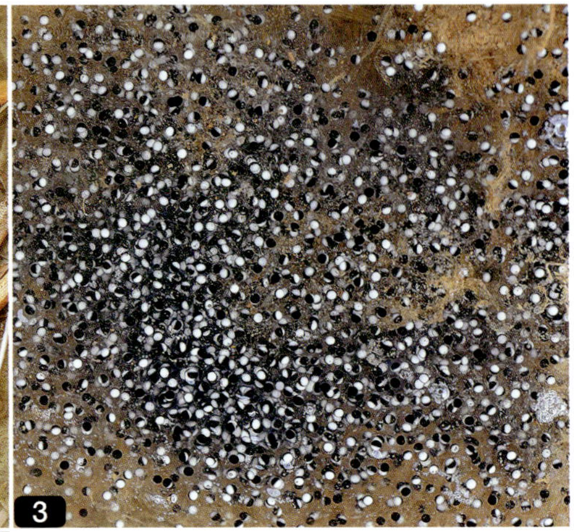

① 참개구리 포접 모습.
② 참개구리 산란 모습. ⓒ신경아
③ 참개구리 알덩어리.
④ 부화하고 있는 참개구리 알.
⑤ 참개구리 유생(올챙이).
⑥ 참개구리 알을 포식하는 소금쟁이.

한국산개구리

Rana coreana Okada, 1928

분류	산개구리과 산개구리속
영어명	Korean Brown Frog
크기	60 ~ 80mm
분포	도서지방을 포함한 전국(단, 제주도 제외)
서식환경	산지 농경지, 수로, 계곡. 도서지역에서는 평지의 하천, 수로 등
울음소리	'크크크큭, 크크크큭' 하고 드럼 소리처럼 연속적으로 운다.

한국산개구리 수컷.

형태 몸은 옅은 황갈색으로 배는 누런 우윳빛을 띤다. 물갈퀴가 거의 발달하지 않고, 입에서 목까지 몸의 측면으로 황금색 줄이 나 있다.

생태 번식은 2 ~ 5월에 걸쳐 행하며, 번식시기부터 월동 전까지는 산이나 계곡으로 이동하지 않고 평지의 습지에 계속 출현하는 습성을 지니고 있다. 산개구리와 함께 물이 고인 농지에 산란하거나, 계류 주변의 물 흐름이 거의 없는 웅덩이에 다수의 알로 구성된 알덩어리를 낳으며, 그 크기는 산개구리에 비해 대단히 작다. 알의 수는 400 ~ 500개. 올챙이는 약 30mm까지 성장하고 4월 이후에 변태하여 상륙한다. 산란시기에 배 부위에 붉은색 점무늬가 나타난다.

참고 기존 아무르산개구리와 별개 종으로 2005년 우리나라 고유종으로 발표 (Song et al. 2006).

한국산개구리 수컷(왼쪽)과 한국산개구리 암컷(오른쪽)의 모습.

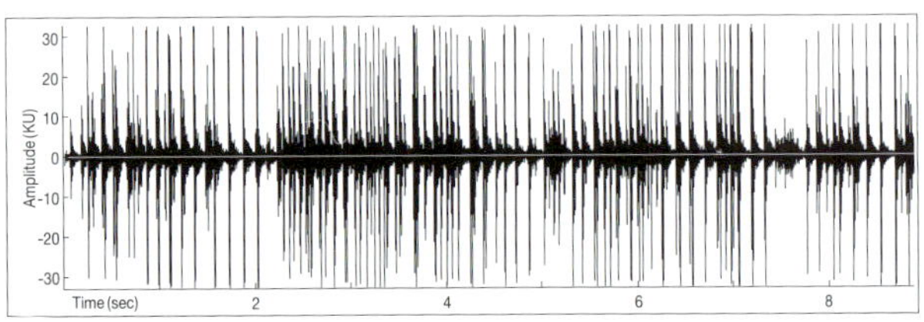

한국산개구리 한 쌍이 물속에서 포접한 모습.

① 한국산개구리 암수 포접 모습.
② 한국산개구리 유생(올챙이).
③ 한국산개구리의 알.
④ 한국산개구리 적색형. ⓒ전형배

북방산개구리(산개구리)

Rana dybowskii Günther, 1876

분류 산개구리과 산개구리속

영어명 Dybowski's Brown Frog

크기 50 ~ 85mm

분포 전국 저지대 ~ 고지대 산간, 계곡, 습지 등. 국외는 북위 63도까지 동북아시아 전역.

서식환경 산지의 물웅덩이나, 계류, 논 등.

울음소리 2월부터 4월의 번식기간에 '꾸아악 꾸악' '꾸아악 꾸악' 하고 연속적으로 운다. 멀리서 나는 소리는 마치 새소리처럼 들린다.

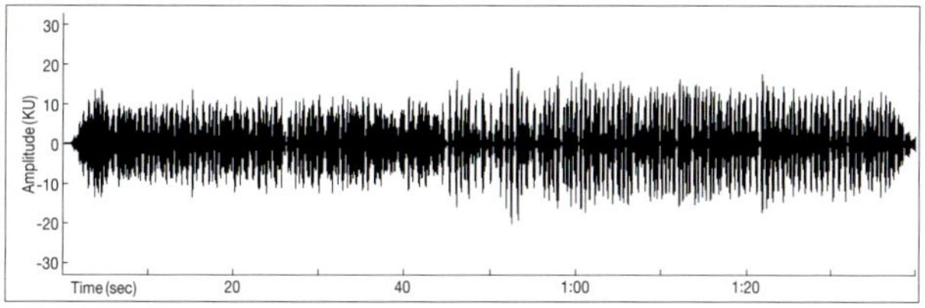

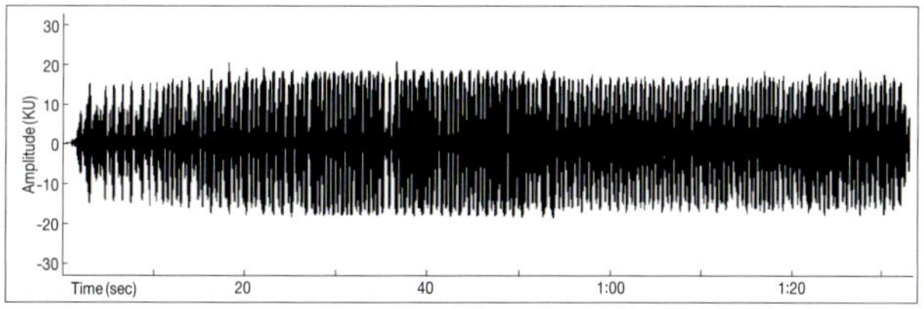

형태 등은 황토색부터 적갈색까지 다양하다. 등에 검은색의 반점이 있는 개체가 많다. 우리나라 산개구리류 가운데 체구가 가장 크다.

생태 암컷은 번식시기에 턱밑과 복부에 붉은 색을 띈다. 주로 산지의 하천 돌 밑에서 월동하고, 번식기인 초봄에 농지주변이나 하천주변의 물웅덩이로 이동하여 산란하며, 수십에서 수백 개의 알로 이루어진 알덩어리를 바닥이나 수면에 낳는다. 알덩어리는 불규칙하나 거의 둥근 형태에 가깝다. 한 마리의 암컷이 낳는 알의 수는 400 ~ 1,000개. 번식기간 이외에는 산지의 산림 내에서 활동한다.

참고 최근 서식이 확인된 계곡산계구리와 외형적으로 매우 유사하여 구별이 어렵다. 산개구리 수컷은 턱밑에 울음주머니를 지니고 있으나, 계곡산개구리의 수컷은 울음주머니가 없는 것으로 알려져 있다.

북방산개구리 수컷(왼쪽)과 북방산개구리 암컷(오른쪽)의 모습.

울음주머니를 한껏 부풀린 북방산개구리 수컷.

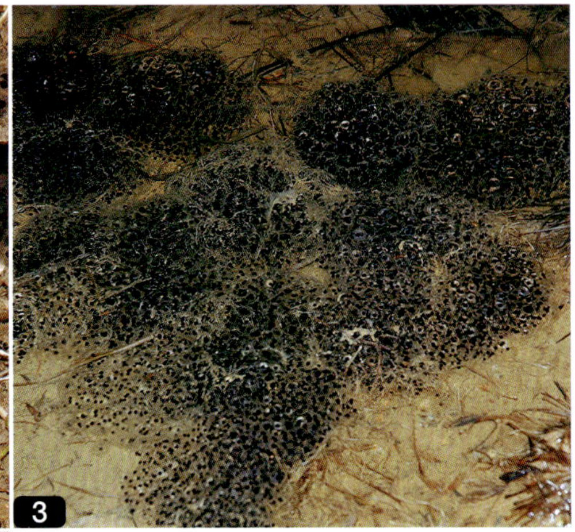

① 물속에서의 북방산개구리 암수 포접 모습.
② 북방산개구리 알. ⓒ권기윤
③ 북방산개구리의 집단 산란.
④ 북방산개구리 유생(올챙이). ⓒ권기윤
⑤ 북방산개구리 암컷 - 입부터 눈까지 검은 반점무늬.
⑥ 제주도에서 촬영된 북방산개구리.

계곡산개구리

Rana huanrensis Fei, Ye, and Huang, 1990

분류	산개구리과 산개구리속
영어명	Huanren Brown Frog
크기	60 ~ 70mm
분포	백두대간 산악지대, 남부로는 지리산 국립공원 산간지대. 국외는 중국동북부 일대
서식환경	산지 산간계류
울음소리	'꾸욱—꾸욱—쿠—쿠—쿡'하고 소리를 단절적으로 낸다.
형태	산개구리에 비해 흑갈색으로 다소 어두운 편이다. 수컷의 배 부분은 노란색을 띠며 잔 점무늬가 많다. 크기는 산개구리에 비해 몸길이가 평균 1cm 정도 작다.

계곡산개구리 암수 포접 모습.

생태 흐르는 물속에 산란하는 대표적인 개구리로, 계곡의 흐르는 물속에 산란 후 산으로 올라가고 산란시기와 월동시기에만 산에서 내려온다. 산간 계곡의 하천 바닥의 돌 밑에서 월동하는 점은 산개구리와 같으나, 번식시기인 3월경이 되면 농지주변이나 하천주변의 물웅덩이로 이동하지 않고, 계류의 물속에 잠겨 있는 바위 또는 가장자리에 알 덩어리를 부착시켜 산란하며 산개구리에 비해 알이 더 탱탱하고 배의 크기가 크다.

참고 1999년에 학계에 보고되었다. 백두대간상의 산간지대 계곡에서만 서식하는 것으로 보고되었으나, 최근 경기도, 충청도, 전라도 지역에서도 넓게 서식하고 있음이 밝혀지고 있다. 산개구리와 외형적으로 유사하여 구별이 쉽지 않다.

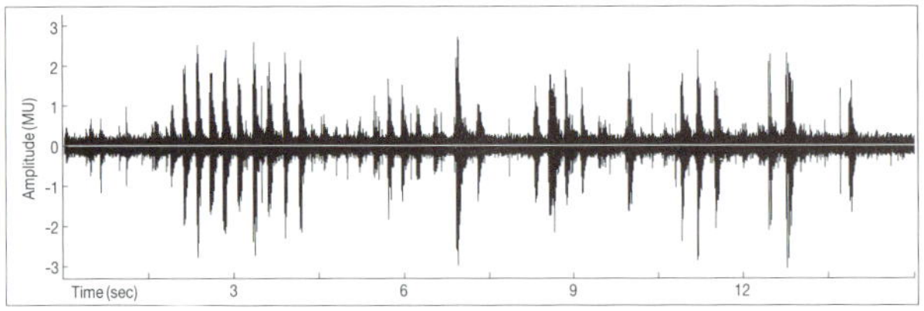

① 계곡산개구리의 짝짓기. ©김현
② 계곡산개구리의 암수 포접 모습.
③ 계곡산개구리 알과 산란 장소(물속 바위).
④ 계곡산개구리 알 확대 사진.
⑤ 계곡산개구리 유생(올챙이).

작은두꺼비

Pseudepidalea raddei (Strauch, 1876)

분류 두꺼비과 작은두꺼비속

영어명 Mongolian Toad

크기 수컷 55 ~ 90mm, 암컷 59 ~ 90mm

분포 북한 백두산일대. 국외로는 중국 동북부, 몽골, 러시아 연해주

서식환경 삼림 경계 초원, 모래언덕, 숲 내 초지

형태 수컷의 등은 올리브색의 회색바탕이며 부분적으로 황색을 띠고 있다. 암컷은 녹색을 띠고 붉은색 무늬가 뚜렷하다. 고막은 작고 둥글며 뚜렷하다.

생태 저지대에서 해발 2,700m 고지대까지 분포하며, 삼림경계지역, 숲 내 초지대, 모래 구덩이 등에서 서식한다. 낮에는 주로 설치류가 파놓은 터널 속, 바위 밑, 모래 터널 속에 몸을 은신하고, 밤에 나와 활동한다. 수컷은 2살 이후, 암컷은 4살이 되어 교미한다. 산란은 2줄의 알 덩어리를 낳으며, 길이는 3 ~ 6미터에 이른다. 알의 수는 1,000 ~ 6,000개. 3월 하순에서 6월 하순에 걸쳐 산란한다. 겨울에는 5 ~ 10마리가 모여 잠을 잔다. 먹이는 거미류, 갑충 등 곤충과 개미.

참고 최근 북한 금강산에서 채집 기록된 신종 삼방두꺼비는 물두꺼비이거나 본 종일 가능성이 있다. 작은두꺼비 무리는 분류학적으로 매우 혼란스런 집단으로 많은 논란을 거쳐 2006년 들어 두꺼비속에서 분리되어 작은두꺼비속으로 분류되었다.

작은두꺼비의 모습. © Irina Maslova

아무르산개구리

Rana amurensis Boulenger, 1886

분류 산개구리과 산개구리속

영어명 Siberian Wood Frog

크기 80mm 내외

분포 북한 북부 삼림지대, 국외로는 시베리아 서부에서 사할린

서식환경 평지 습원, 삼림 등

형태 갈색 또는 올리브 색 바탕에 검은 점무늬를 띠고 있다. 뒤 발가락의 발갈퀴는 다른 산개구리에 비해 작다.

생태 농경지 등 습지에서 생활하며 숲에서도 관찰된다. 3 ~ 4세가 되면 번식 가능하고, 습지와 계류 주변의 물 흐름이 거의 없는 웅덩이에 다수의 알로 구성된 알 덩어리를 낳으며, 그 크기는 산개구리에 비해 대단히 작다. 알의 수는 250 ~ 4,000개. 올챙이는 약 30mm까지 성장하고 6월 이후에 변태하여 상륙한다. 최대 수명은 7 ~ 8세. 먹이는 육상 절지동물. 가을에 동면장소로 이동하며, 깊이 1.5 ~ 2미터의 터널을 파서 겨울잠을 잔다.

참고 과거 우리나라 전역에 분포하고 있는 것으로 알려져 왔으나, 한국의 본 종은 유전학적으로 다른 종인 것이 판명되어 '한국산개구리'라는 종으로 독립하여 구분되고, '아무르산개구리'는 한반도 북부 일대 이북에서 서식하고 있는 것으로 추정되고 있다 (Song et al. 2006).

아무르산개구리(위, 옆). © Irina Maslova

유미목

CAUDATA Fischer von Waldheim, 1813

전 세계적으로 9과 571종이 알려져 있다.

한반도에는 2과 7종이 분포하며,

남한에는 2과 5종이 서식하고 있다.

유미목

개구리나 두꺼비와 달리 성장하여 어른이 되어도 꼬리를 지니고 있는 점에서 구별된다. 유생은 물속에서 아가미로 호흡하고 네 발을 지니며 성장하여 변태를 통해 어른이 되어 육상으로 진출하면서 폐호흡을 한다.

물속에서 생활하는 유생시기와는 달리 성장하여 육상으로 진출한 뒤에는 삼림지대에서 낙엽 아래나 쓰러진 고사목 밑, 돌 밑 등에서 생활하고 번식시기에만 물로 되돌아가는 경우가 대부분이다. 거의 대부분이 야행성으로, 지면위의 곤충, 지렁이, 거미류 등을 먹는다. 유생단계에서 유생끼리 서로 잡아먹는 것이 자주 관찰된다.

도롱뇽 무리는 산란하는 장소가 크게 물이 고여 있는 지점(지수성)과 흐르는 지점(유수성)을 선호하는 2가지의 산란유형 무리로 나눈다. 알 덩어리의 형태는 종에 따라 다르나 대개 바나나모양이 많다.

전 세계적으로 9과 571종이 알려져 있으며, 한반도에는 2과 7종이 분포하며, 남한에는 2과 5종이 서식하고 있다.

도롱뇽

Hynobius leechii Boulenger, 1887

분류 도롱뇽과 도롱뇽속

영어명 Korean Salamander

크기 전체길이 80 ~ 130mm

분포 전국 내륙 및 제주도 이북 도서지방, 중국 동북부지역

서식환경 저산의 습원, 물웅덩이, 저수지, 논 등 물이 고여 있는 습지

도롱뇽.

형태 지수성(止水性) 도롱뇽의 대표적인 종. 개체에 따라 황갈색에서 흑갈색 등 몸바탕 색의 변화가 다양하다. 일반적으로 암갈색의 작은 반점을 지니고 있다.

생태 사람들이 살고 있는 주변의 저수지나 물웅덩이에서 흔히 관찰된다. 또한 동면 전의 가을에는 먹이를 먹기 위해, 비가 온 뒤 날이 맑아지면 낮에도 숲 내에서 활동하고 다닌다. 이른 봄에 주로 산지의 논이나 물이 고인 웅덩이에서 산란한다. 집단으로 번식하기도 한다. 번식기간은 2월 하순부터 8월 중순까지 (남부지역에서는 1월 하순에도 산란이 관찰). 알주머니는 보통 15cm 크기로 마치 바나나와 같은 모습을 이루며, 알의 수는 대개 17 ~ 25개 정도 들어 있다. 유생은 가을까지 변태하여 상륙하는데, 지역과 번식 시기의 차이에 따라 유생의 상태로 겨울을 나고 이듬해 봄에 변태하여 상륙하는 것도 있다.

참고 최근 토지개발과 주택건설 등에 의해 산란지가 소실되거나, 서식장소의 환경변화 및 도로건설에 따른 서식지 분단과 이동시 교통사고 등의 영향으로 도시 및 인접 지역에서 급격히 사라지고 있다.

도롱뇽.

① 도롱뇽의 알.
② 도롱뇽 유생. ⓒ이윤수
③, ④ 다양한 도롱뇽 성체의 몸 색.

제주도롱뇽

Hynobius quelpaertensis Mori, 1928

분류 도롱뇽과 도롱뇽속

영어명 Cheju Salamander

크기 성체 전체 길이 수컷 약 60mm, 암컷 63mm

분포 제주도, 남서해안지역과 주변 도서지역

서식환경 저지대 습지, 하천 등

제주도롱뇽.

형태 도롱뇽과 외형적으로 큰 차이가 없이 구별이 어렵다. 서구개치(vomerine teech)는 37 ~ 42개로 도롱뇽보다 많은 것이 특징이다.

생태 3 ~ 4월에 저지대 웅덩이나 하천 주변에서 번식을 하고 바나나 모양의 알덩어리를 돌이나 나뭇가지 등에 붙인다. 곤충, 거미 등을 먹으며, 주로 야간에 활동한다. 10월 중순경 동면에 들어가며, 동면 장소는 돌, 나뭇잎, 쓰러진 고목 아래 등이다.

참고 우리나라 고유종. 과거 도롱뇽으로 분류되기도 하였지만 최근에 유전학적 차이에 의해 구분하여 분류되고 있다. 제주도 외에 남서부 해안 및 도서지방에 서식하고 있는 것도 최근에 밝혀졌다. 제주도롱뇽은 도롱뇽과 전남 장성지역에서 동서로 지리적 및 생식적으로 격리하고 있는 것으로 알려져 있다 (양서영 외, 2001).

제주도롱뇽.

1

2

3

① 제주도롱뇽의 알.
② 내륙 연안의 제주도롱뇽 성체(전남 영암).
③ 다양한 몸색의 제주도롱뇽 성체.

고리도롱뇽

Hynobius yangi Kim, Min, and Matsui, 2003

분류 도롱뇽과 도롱뇽속

영어명 Kori Salamander

크기 전체길이 80 ~ 130mm

분포 영남 남동부 지역(경남 울주군 - 부산 - 경남 합천군). 최근 전남지역에서도 새로운 분포지가 발견 보고되고 있다.

서식환경 야산 농경지 수로 및 물웅덩이 등 습지

고리도롱뇽.

형태 외형은 도롱뇽, 제주도롱뇽과 매우 비슷하나 개체의 등면이 비교적 밝은 갈색이며, 도롱뇽이나 제주도롱뇽에 비하여 전장이 짧고 꼬리뼈의 수(25 ~ 26개)가 적은 것이 특징이다. 일반적으로 수컷은 등이 암갈색이며, 앞다리가 두껍고 번식시기 때 생식공 상단에 돌기가 있어 엷은 갈색 바탕에 흑색 소반점이 있는 등면을 가진 암컷과 잘 구별된다.

생태 초봄에 산간의 논고랑이나 습지의 돌과 나뭇잎에 알주머니를 붙여 산란한다. 먹이는 곤충과 거미류이다. 2월부터 3월에 걸쳐 번식하며, 10월경에 동면에 들어간다.

참고 우리나라 고유종. 부산 기장군의 고리원자력발전소 내 야산 습지에서 1990년대에 최초로 채집되었고, 2003년에 신종으로 발표되었다(Kim et al. 2003).

고리도롱뇽.

① 고리도롱뇽의 산란지 조사 모습.
② 산란 준비중인 고리도롱뇽 암컷.
③ 고리도롱뇽의 알덩어리.

① 고리원자력발전소 관내의 고리도롱뇽 서식지와
고리도롱뇽 개체.
② 물속 바위에 부착해 낳은 고리도롱뇽의 알.
③ 물속 고리도롱뇽 성체.
④ 산란 준비중인 고리도롱뇽 암컷.

꼬리치레도롱뇽

Onychodactylus fischeri (Boulenger, 1886)

분류 도롱뇽과 꼬리치레도롱뇽속

영어명 Korean Clawed Salamander

크기 전체길이 130 ~ 220mm. 몸무게 7 ~ 13g.

분포 동북아시아. 남한에서는 백두대간을 중심으로 서로는 경기 일부(포천, 북한산), 남으로는 지리산과 경남 양산에 이르기까지 분포하고 있다.

서식환경 산간지대의 계류, 냉수성 하천 상류

꼬리치레도롱뇽(강원 명마굴). ©최용근

형태 몸은 길지만 가늘고, 꼬리가 전체 길이의 반 이상을 차지하고 있다. 개체나 지역에 따라 몸의 색채에 변화가 있다. 보통은 황금색 또는 적갈색 바탕에 흑색의 점무늬가 등 부위 일대에 걸쳐 마치 두터운 선 모양으로 나 있다.

생태 흐르는 물에서 생활하는 도롱뇽의 대표적인 종으로 번식기간 이외에도 동굴에서는 수중에서 발견된다. 늦은 봄부터 초여름에 걸쳐 산간지대 계곡의 물 흐름이 약한 웅덩이의 물속에 잠겨 있는 나뭇가지 등에 바나나 모양의 알 덩어리를 낳는다. 알의 수는 16 ~ 26개 정도로, 약 5개월에 걸쳐 부화한다. 유생은 대개 2년 동안 수중생활을 하고 3년째에 변태한 뒤, 상륙한다. 유생시기에 발가락에 발톱이 있고, 이 발톱을 이용하여 하류로 떠내려가지 않으려고 바위틈을 꽉 잡는다. 성체가 되어 육상생활을 시작하면 발톱은 사라져 보이지 않는다. 이를 두고 북한에서는 '발톱도롱뇽'이라고 부른다.

참고 냉수성 계류에만 서식하는 도롱뇽으로 수계환경의 자연성 정도를 판단할 수 있는 환경지표 생물종이다.

꼬리치레도롱뇽.

① 동굴 물속 바위에 붙여 낳은 꼬리치레도롱뇽의 알.
② 꼬리치레도롱뇽 1년생 유체.
③ 꼬리치레도롱뇽 아성체. ⓒ이윤수
④ 꼬리치레도롱뇽 유체의 앞발과 측면 얼굴. 발톱의 검은색이 선명하다.

1

2

3

① 바위 위에 앉아 있는 꼬리치레도롱뇽 성체.
② 이끼 위의 꼬리치레도롱뇽.
③ 꼬리치레도롱뇽 서식지 조사 모습.

네발가락도롱뇽

Salamandrella keyserlingii Dybowski, 1870

분류 도롱뇽과 네발가락도롱뇽속

영어명 Siberian Salamander (Newt)

크기 전체길이 110 ~ 145mm

분포 바이칼호수, 사할린, 캄차카 등 국외에 널리 분포하며, 우리나라에서는 북한 동북부 고지대에서만 기록되어 있다.

서식환경 북한 북부 고지대 저수지

형태 암갈색 몸바탕에 머리부터 꼬리에 이르기까지 황색 띠가 있다. 몸의 색채는 꼬리치레도롱뇽의 어린 개체와 유사하나 꼬리가 길지 않다. 앞과 뒷발가락이 모두 4개로 다른 도롱뇽과 차이난다.

네발가락도롱뇽. © Irina Maslova

생태 우리나라에서 유일하게 새끼를 낳는 태생의 도롱뇽이다. 고여 있는 물에서 생활하는 도롱뇽으로, 4월 하순에서 5월 상순에 걸쳐 번식한다. 알주머니는 푸르고 흰 투명한 바나나 형태로, 알 수는 117 ~ 118개로 다른 도롱뇽에 비해 매우 많다. 유생은 입이 작아 다른 도롱뇽의 유생처럼 서로 잡아먹는 현상이 없다. 유생은 8월 상순에 변태하여 상륙한다.

참고 한반도에 서식하는 도롱뇽 가운데 국외에 가장 널리 분포하는 종으로 알려져 있다. 최근 북한 북부 러시아 국경지역에서 러시아 연해주지역에서만 서식하는 것으로 알려진 〈발해네발가락도롱뇽 *S. tridactyla* (Nikolskii, 1906)〉이 분포하고 있는 것으로 보고되고 있으나, 북한의 자료에는 기록이 없어 사실 확인이 필요하다 (AMNH 2008, Amphibian Species of the World 5.2).

발해네발가락도롱뇽. © Irina Maslova

이끼도롱뇽

Karsenia koreana Min, Yang, Bonett, Vieites, Brandon, and Wake, 2005

분류　미주도롱뇽과 이끼도롱뇽속

영어명　Koran Crevice Salamander

크기　전체길이 80mm 내외

분포　전국 저산에서 고산지역 습지 및 삼림지대

서식환경　산지 습한 환경지역의 낙엽 및 돌 아래

형태　국내에 서식하고 있는 다른 도롱뇽과는 달리 혀, 발목, 두개골의 구조가 전혀 다르고, 등에 금색 무늬가 있으며, 전체적으로 암갈색이다.

이끼도롱뇽.

생태 작은 호박만한 돌 밑에 한 마리씩 독립적으로 서식하며, 이동할 때 꼬리를 감아 용수철처럼 껑충 껑충 점프하면서 이동하는 특이한 행동을 보인다. 특히 허파 없이 피부 호흡만 하는 것으로 알려져 있다. 먹이는 거미, 곤충, 지렁이 등의 절지동물 등을 먹는다. 번식에 대해서는 알려진 것이 없다.

참고 2000년대 초, 대전광역시 야산에서 아시아지역에서는 처음으로 발견된 폐가 없이 피부로만 호흡하는 도롱뇽. 1속 1종으로 현재 우리나라 남부에서만 분포하고 있는 고유종이다(Min et al. 2005).

이끼도롱뇽의 모습. '이끼도롱뇽'이란 이름보다 '낙엽도롱뇽'이란 말이 더 어울릴 정도로 보호색이 낙엽과 유사하다.

① 이끼도롱뇽 등무늬 변이 개체. ©이윤수
② 이끼도롱뇽의 알.
③ 이끼도롱뇽의 앞모습.

참고문헌

강영선 · 윤일병, 1975. 한국동식물도감 제17권 동물편(양서 · 파충류). 문교부

김리태 · 한근홍, 2009. 조선동물지(량서파충류편). 과학원출판사(평양). 138pp.

손상호 · 이용욱, 2007. 주머니 속 양서 · 파충류 도감. 황소걸음.

양서영 · 김종범 · 민미숙 · 서재화 · 강영진, 2001. 한국의 양서류. 아카데미서적. 187pp.

원홍구, 1971. 조선량서파충류지. 과학원출판사(평양). 170pp.

한상훈, 2008. 양서류 종목록[in 국가 생물종 목록 구축]. 국립생물자원관. pp.423-436

蒲谷鶴彦 · 前田憲男, 1997. [声の圖鑑] 蛙の合唱. 山と溪谷社

前田憲男, 2910. 声が聞こえる! カエル ハンドブック. 文一總合出版

松井正文, 2010. カエル · サンショウウオ · イモリのオタマジャクシ ハンドブック. 文一總合出版

奥山風太郎. 2002. 山溪ハンデイ圖鑑9 日本のカエル+サンショウウオ類. 山と溪谷社

B. A. Malyarchuk, M. V. Derenko, D. I. Berman, T. Grzybowski, N. A. Bulakhova, A. P. Kryukov, and A. N. Lejrikh, 2009. Genetic Structure of Schrenck Newt Salamandrella schrenckii Populations by Mitochondrial Cytochrome b Variation. Molecular Biology, Vol. 43, No. 1, pp. 53-61.

M.S.Min, S.Y.Yang, R.M.Bonett, D.R.Vieites, R.A. Brandon & D.b. Wake, 2005. Discovery of the first Asian plethodontid salamander. nature. 87: 90

J.B.Kim, M.S.Min and M.Masafumi, 2003. A New species of Lentic Breeding Korean Salamander of the Genus Hynobius (Amphibians, Urodela). Zoological Science, 20: 1163-1169

Jae-Young Song ,Masafumi Matsui, Kyu-Hoi Chung, Hong- Shik Oh and Wenge Zhao, 2006. Distinct Specific Status of the Korean Brown Frog, Rana amurensis coreana (Amphibia: Ranidae). ZOOLOGICAL SCIENCE. 23: 219-224

학명으로 찾기

국명으로 찾기

개구리 소리 CD 수록 리스트

1. 무당개구리 *Bombina orientalis*
2. 두꺼비 *Bufo gargarizans*
3. 물두꺼비 *Bufo stejnegeri*
4. 청개구리 *Hyla japonica*
5. 수원청개구리 *Hyla suweonensis*
6. 맹꽁이 *Kaloula borealis*
7. 옴개구리 *Glandirana emeljanovi*
8. 황소개구리 *Lithobates catesbeianus*
9. 금개구리 *Pelophylax chosenicus*
10. 참개구리 *Pelophylax nigromaculatus*
11. 한국산개구리 *Rana coreana*
12. 북방산개구리(산개구리) *Rana dybowskii*
13. 계곡산개구리 *Rana huanrensis*